EAUX MINERALES

SULFUREUSES ET ALCALINES

DE

SAINT-HONORÉ

(NIÈVRE)

LES EAUX-BONNES

(AU CENTRE DE LA FRANCE)

Chemin de fer du Bourbonnais

STATION DE CERCY-LATOUR.

PARIS

AU BUREAU DE LA *GAZETTE DES EAUX*

LIBRAIRIE J. SAVY,

24, RUE HAUTEFEUILLE, 24.

EAUX MINÉRALES

SULFUREUSES ET ALCALINES

DE

SAINT-HONORÉ

(Nièvre)

Les eaux sulfureuses de Saint-Honoré sont indiquées contre le lymphatisme et la scrofule, la chlorose, les affections nerveuses, certaines affections de l'estomac et de l'utérus, les maladies des voies respiratoires et de la peau.

« Tout en admettant, dit le docteur Collin dans son *Guide médical* (1), que les affections de la peau sont souvent secondaires et tiennent à une maladie générale, nous les voyons en grand

---

(1) *Guide médical et pittoresque*, par le docteur Collin, médecin-inspecteur et C. Charleuf. Chez Adrien Delahaye, Paris, place de l'École-de-Médecine. — Prix : 4 francs.

nombre heureusement influencées par les eaux de Saint-Honoré. »

Les affections pulmonaires de nature catarrhale ou herpétique ne résistent pas à la médication sulfureuse, ou sont toujours grandement modifiées. Les manifestations de la scrofole et la diathèse elle-même sont combattues avec efficacité par ces eaux.

Le lymphatisme, cette plaie de la génération actuelle, qui semble attaquer les enfants avec d'autant plus de prédilection qu'ils appartiennent à des familles plus aisées et sont par conséquent entourés de plus de soins, le lymphatisme, dis-je, est une des maladies qui sont combattues le plus victorieusement à Saint-Honoré.

La composition de ces eaux en fait une médication qui semble spécialement destinée à l'enfance, et qui peut être par conséquent recommandée dans bien des cas où des sulfureuses plus fortes ne pourraient pas être conseillées sans danger.

On compte à Saint-Honoré cinq sources :

la source de la Crevasse,
— de l'Acacia,
— de la Marquise,
— des Romains,
— de la Grotte.

Ces sources varient de température depuis 26 jusqu'à 31 cen-
tigrades, et comme elles sont plus ou mois chargées de principes minéralisateurs, il est facile de les adapter aux diffé-
rentes constitutions.

L'établissement parfaitement outillé, très-confortable, est dû
à M. le marquis d'Espeuilles, sénateur, qui y a annexé l'an
passé une vaste piscine dans laquelle les malades peuvent se
livrer à l'exercice salutaire de la natation, et cela dans une eau
continuellement renouvelée et naturellement chaude.

Propriétés physiques et chimiques. — L'eau des sources
de Saint-Honoré, de nature alcaline et sulfureuse, est, au sortir
du rocher, d'une transparence parfaite avec un léger reflet
bleuâtre ; elle est onctueuse, douce au toucher et sa saveur est
alcalescente et hépatique. On verra, par l'analyse comparative
que nous donnons plus loin, la grande analogie qui existe
entre les eaux de Saint-Honoré et celles de Bonnes.

La cinq sources réunies donnent en 24 heures 960 mètres
cubes d'eau qui sont utilisés en bains, boissons, douches et
inhalation.

Boisson. — Agréable à boire, l'eau de Saint-Honoré est
apéritive, légèrement diurétique, il n'est pas rare de voir cer-
tains malades qui en font usage rendre une quantité souvent
considérable de gravier.

Bains. — Les bains sont donnés à la température naturelle

de l'eau dans les piscines et dans les baignoires alimentées par la source de la Marquise et par celle des Romains. Une petite quantité d'eau sulfureuse, dont la température est artificiellement élevée, est mélangée à l'eau de la Crevasse et de l'Acacia.

Douches. — Un système complet de douches est installé dans l'établissement, qui possède, de plus, tout l'outillage nécessaire à l'hydrothérapie proprement dite.

Inhalation. — Le traitement des affections de poitrine par les inhalations de Saint-Honoré mérite toute l'attention du public médical, et nous ne pouvons mieux faire, pour donner une idée de l'installation des salles, que de citer textuellement les lignes suivantes extraites d'un travail lu par M. le docteur Collin, en 1864, à la société d'hydrologie de Paris.

« On confond trop souvent le traitement qui consiste à respirer un air chargé de gaz naturellement produit par les sources, et celui qui, au contraire, réside dans l'inhalation de vapeurs forcées, s'échappant d'un générateur et n'entraînant rien ou presque rien des principes qui constituent l'eau minérale qui a servi à le former. »

Nous voyons d'un côté l'inhalation telle qu'elle est pratiquée à Saint-Honoré, et de l'autre une étuve dont les effets thérapeutiques diffèrent complétement.

La salle d'inhalation, haute de 4 mètres 75 centimètres, a 11 mètres de largeur sur 7 de profondeur.

De chaque côté sont situées, de manière à ce que l'on puisse s'asseoir ou se promener, deux ouvertures en forme de puits de deux mètres de profondeur sur 1 mètre 50 de largeur: Du milieu des puits s'élève, à une hauteur de 80 centimètres, un appareil servant à diviser et à pulvériser l'eau, qui arrive directement de la source et remplit ainsi la salle de vapeurs hydrosulfurées.

Les malades arrivent aux salles sans être obligés de prendre un costume spécial, et on leur recommande simplement, lorsque le temps est humide, de se munir d'un pardessus et d'un cache-nez.

Indication et contre-indication. — En résumé les eaux de Saint-Honoré, quoique très-actives, peuvent, alors qu'elles sont bien administrées, être prises sans danger par des malades qui ne supporteraient pas des sulfureuses plus fortes, et c'est surtout lorsque les affections seront de nature lymphatique ou scrofuleuse que le traitement sera suivi des plus heureux résultats. C'est à dessein que nous répétons encore que la station thermale de Saint-Honoré ne cède à aucune autre, alors qu'il s'agit de rappeler la santé chez des enfants débilités par des maladies héréditaires ou des affections acquises.

Les eaux de Saint-Honoré sont contre-indiquées aux personnes pléthoriques, aux malades atteints d'affection organique du cœur ou des gros vaisseaux.

Saint-Honoré, ville considérable sous la domination romaine, était connue sous le nom d'Arbandal et célèbre pour ses eaux minérales. Ce n'est plus aujourd'hui qu'un bourg dont l'importance augmente chaque année, depuis que M. le marquis d'Espeuilles, dans son zèle pour tout ce qui touche aux intérêts de la Nièvre, a fait, à grands frais, construire un établissement qui ne le cède à aucun autre par son installation.

L'analyse des sources a été faite, en 1851, par M. Ossian Henry.

Plusieurs travaux ont été faits sur les vertus curatives des eaux de Saint-Honoré par différents médecins parmi lesquels nous devons citer MM. Racle et Allard, anciens inspecteurs. M. le Dr Collin, actuellement inspecteur, et auquel nous devons la nouvelle installation des salles d'inhalation, a publié, en collaboration avec M. Charleuf, un *Guide médical et pittoresque* dans lequel les malades pourront étudier sérieusement et la station thermale et le pays lui-même. Indépendamment de la valeur réelle des eaux de Saint-Honoré, leur position seule les destine à un brillant avenir. En effet, elles sont les seules sulfurées sodiques du centre de la France, et bien des personnes qu'un long voyage effraye peuvent trouver, à quelques heures de Paris, tous les bénéfices des Eaux des Pyrénées.

La saison commence le 15 mai et dure jusqu'au 15 septembre. L'administration est du reste toujours disposée à prolonger la saison, si le temps est convenable, et les automnes sont en général magnifiques à Saint-Honoré.

On arrive à Saint-Honoré par le chemin de fer de Nevers à Cercy-Latour.

Un service d'omnibus conduit à la station thermale.

Deux beaux hôtels, celui *des Bains* et celui du *Morvan*, offrent toutes les ressources désirables, des chambres parfaitement meublées et une excellente table d'hôte.

Plusieurs maisons meublées existent aussi dans le village, situé au-dessus et à cinq cents mètres de l'établissement.

Saint-Honoré possède un bureau de poste, et une station télégraphique. Les environs sont très-pittoresques et les promenades charmantes.

L'eau minérale de Saint-Honoré est employée loin des sources. S'adresser à l'établissement même.

Paris. — Imp. Jules Bonaventure, 55, quai des

TABLEAU COMPARATIF

DES DEUX SOURCES DE SAINT-HONORÉ ET DES EAUX-BONNES

Fait par M. Ossian HENRY.

EAU : 1 LITRE.

	Saint-Honoré.	Eaux-Bonnes.
Acide sulfhydrique libre.	0.070	0.0055
— carbonique libre	1/9 vol.	0.0004
Azote	indét.	»
Oxygène.	gr.	»
Bicarbonate de chaux	0.098	»
— de magnésie.		»
— de soude et de potasse	0.040	»
Carbonate terreux	0.069	»
Silicates : potasse.	0.034	»
— soude.		gr.
— alumine.	0.023	0.0048
Sulfates anhydres de soude	0.132	»
— de chaux	0.032	0.1180
— de magnésie.	»	0.0125
— de sulfure alcalin.	0.003	»
Chlorure de sodium	0.300	0.3423
— de potassium.	0.005	traces
Iodure alcalin.	traces	»
Oxyde de fer et matière organique.	0.007	»
Oxyde de fer et acide silicique.	»	0.0160
Matière organique, glairine rudimentaire.	indét.	»
Matière organique sulfurée.	»	0.1065
TOTAUX	0.674	0.6045

Comme il est facile de le voir d'après l'analyse, les eaux de Saint-Honoré n'empruntent pas seulement leur valeur aux principes sulfureux. La quantité de chlorure de sodium surtout qui y est contenue, doit rentrer pour une part assez grande dans les effets thérapeutiques obtenus.

PUBLICATIONS

SUR LES EAUX DE SAINT-HONORÉ

ANALYSE DES EAUX MINÉRALES SULFUREUSES DE SAINT-HONORÉ, par M. OSSIAN HENRY, membre de l'Académie de Médecine. Paris, 1851.

RECUEIL DES TRAVAUX PUBLIÉS SUR SAINT-HONORÉ, par MM. HENRI, RACLE et CAMILLE ALLARD. Nevers, 1857.

DU TRAITEMENT DES AFFECTIONS PULMONAIRES, par les inhalations sulfureuses de Saint-Honoré, par le docteur EUGÈNE COLLIN, médecin-inspecteur. Paris, Germer-Baillère, 1864.

SAINT-HONORÉ-LES-BAINS (NIÈVRE). Guide médical et pittoresque, par le docteur EUGÈNE COLLIN, médecin-inspecteur, et C. CHARLEUF. Moulins, 1865. Imprimerie de Desroziers.—Paris, chez Adrien Delahaye, place de l'École-de-Médecine.

Paris.— Imprimerie Jules Bonaventure,
quai des Augustins, 55